油气储运企业高风险作业安全检查系列丛书

高处作业安全检查

国家管网集团东部原油储运有限公司　组织编写

中国石化出版社

图书在版编目（CIP）数据

高处作业安全检查 / 国家管网集团东部原油储运有限公司组织编写 . — 北京：中国石化出版社，2022.10
（油气储运企业高风险作业安全检查系列丛书）
ISBN 978-7-5114-6799-7

Ⅰ. ①高… Ⅱ. ①国… Ⅲ. ①石油与天然气储运 - 高空作业 - 安全检查 - 技术培训 - 教材 Ⅳ. ① TE88

中国版本图书馆 CIP 数据核字（2022）第 155862 号

中国石化出版社出版发行
地址：北京市东城区安定门外大街 58 号
邮编：100011　电话：（010）57512500
发行部电话：（010）57512575
http：//www.sinopec-press.com
E-mail：press@sinopec.com
北京富泰印刷有限责任公司印刷
全国各地新华书店经销
*
787 × 1092 毫米 32 开本 2.0 印张 37 千字
2023 年 9 月第 1 版　2023 年 9 月第 1 次印刷
定价：20.00 元

《油气储运企业高风险作业安全检查系列丛书》

编委会

《高处作业安全检查》

编审人员

主　编：王兢兢　徐　岩　崔志伟

审　核：韩　今　刘英剑

前 言

高处作业是指在距坠落基准面2m及2m以上有可能坠落的高处进行的作业。坠落基准面是指坠落处最低点的水平面，包括临边、洞口、攀登、悬空、操作平台、交叉作业与建筑施工安全网搭设等作业，亦有各种洞、坑、沟、槽等工程，可形成高处作业，故也将其包括在内。

国家管网集团东部原油储运有限公司根据JGJ 80—2016《建筑施工高处作业安全技术规范》及《国家管网集团作业许可安全管理细则》等相关标准和企业制度及现场情况组织业内专家编写了本书。

本书适用于油气储运企业工程建设方、监理、承包商从事高处作业的相应管理工作人员参考，也适用于各级安全监督部门、专业安全管理部门及施工单位对施工现场的监督和检查人员参考。

目 录

第一章 高处作业前准备

（1）高处作业安全防护技术措施应列入施工组织设计或施工技术方案中，并经监理单位、建设单位审核审批。高处作业包含临边作业、洞口作业、攀登作业、悬空作业、交叉作业、安全网搭设、操作平台作业等。

临边作业：在工作面边沿无围护或围护设施高度低于 800mm 的高处作业，包括楼板、楼梯、屋面、阳台边等及各类坑、沟、槽等边沿的高处作业。

洞口作业： 在地面、楼面、屋面和墙面等有可能使人和物料坠落，其坠落高度大于或等于 2m 的洞口处的高处作业。

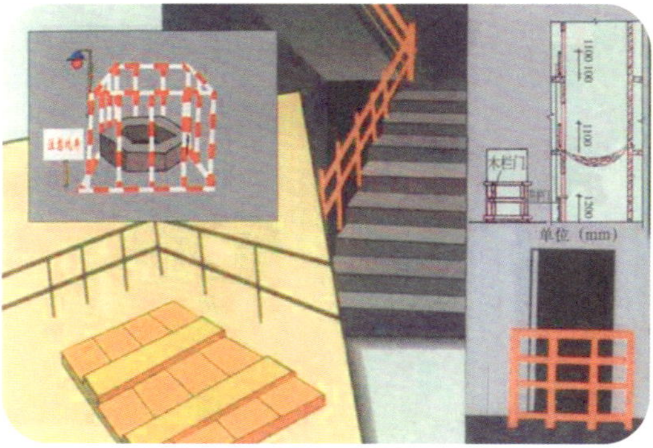

攀登作业： 借助登高用具或登高设施进行的高处作业。

悬空作业：在周边无任何防护设施或防护设施不能满足防护要求的临空状态下进行的高处作业。

安全网搭设作业：在高处安装防护设施的作业。

操作平台作业：操作平台是指由钢管、型钢及其他等效性能材料等组装搭设制作的供施工现场高处作业和载物的平台，包括移动式、落地式、悬挑式等平台。在其上进行的作业为操作平台作业。

悬挑式

移动式

交叉作业：在垂直空间贯通状态下，可能造成人员或物体坠落，并处于坠落半径范围内、上下左右不同层面进行的立体作业。

（2）涉及危险性较大的分部分项工程，应编制专项施工方案，超过一定规模的危险性较大的工程，施工单位还应按要求组织相关专家进行论证。

（3）进行高处作业前，作业单位应对项目所有人员进行体检和身份信息筛查，并将体检合格报告和公安系统身份采集、比对记录报项目管理单位备查。经医生诊断，患有高血压、心脏病、贫血、癫痫、严重关节炎、手脚残废以及其他禁忌高处作业的人员，不得从事高处作业。酒后或服用嗜睡、兴奋等药物不得从事高处作业。

危险性较大的分部分项工程范围对比一览表

序号	分部分项	编制专项施工方案的工程范围	专家论证的工作范围
1	基坑支护与降水工程	开挖深度超过3m（含3m）或虽未超过3m，但地质条件和周围环境复杂的基坑（槽）支护、降水工程	开挖深度超过5m（含5m）的基坑（槽）的土方开挖、支护、降水工程
			开挖深度虽未超过5m，但地质条件、周围环境和地下管线复杂，或影响毗邻建筑（构筑）物安全的基坑（槽）的土方开挖、支护、降水工程
2	土方开挖工程	开挖深度超过3m（含3m）的基坑（槽）的土方开挖工程	
3	模板工程及支撑体系	各类工具式模板工程，包括大模板、滑模、爬模、飞模等工程	工具式模板工程，包括滑模、爬模、飞模工程
		混凝土模板支撑工程：搭设高度5m及以上；搭设跨度10m及以上；施工总荷载$10kN/m^2$及以上；集中线荷载15kN/m及以上，高度大于支撑水平投影宽度且相对独立无联系构件的混凝土模板支撑工程	混凝土模板支撑工程：搭设高度8m及以上；搭设跨度18m及以上；施工总荷载15kN/m及以上；集中线荷载20kN/m及以上
4	起重吊装及安装拆卸工程		承重支撑体系：用于钢结构安装等满堂支撑体系，承受单点集中荷载700kg以上
		采用非常规起重设备、方法，且单件起吊重量在10kN及以上的起重吊装工程	采用非常规起重设备、方法，且单件起吊重量在100kN及以上的起重吊装工程 起吊重量300kN及以上的起重设备安装工程；高度200m及以上内爬起重设备的拆除工程
		采用起重机机械进行安装的工程	
		起重机械设备自身的安装、拆卸	
5	脚手架工程	搭设高度24m及以上的落地式钢管脚手架工程	搭设高度50m及以上落地式钢管脚手架工程
		附着式整体和分片提升脚手架工程	提升高度150m及以上附着式整体和分片提升脚手架工程
		悬挑式脚手架工程	架体高度20m及以上悬挑式脚手架工程
		吊篮脚手架工程	
		自制卸料平台、移动操作平台工程	
		新型及异型脚手架工程	
6	拆除、爆破工程	建筑物、构筑物拆除工程	码头、桥梁、高架、烟囱、水塔或拆除中容易引起有毒有害气（液）体或粉尘扩散、易燃易爆事故发生的特殊建、构筑物的拆除工程
			可能影响行人、交通、电力设施、通信设施或其他建、构筑物安全的拆除工程
			文物保护建筑、优秀历史建筑或历史文化风貌区控制范围的拆除工程
		采用爆破拆除的工程	采用爆破拆除的工程
7	其他危险性较大的工程	建筑幕墙安装工程	施工高度50m及以上的建筑幕墙安装工程
		钢结构、网架和索膜结构安装工程	跨度大于36m及以上的钢结构安装工程；跨度大于60m及以上的网架和索膜结构安装工程
		人工挖孔桩工程	开挖深度超过16m的人工挖孔桩工程
		地下暗挖、顶管及水下作业工程	地下暗挖工程、顶管工程、水下作业工程
		预应力工程	
		采用新技术、新工艺、新材料、新设备及尚无相关技术标准的危险性较大的分部分项工程	采用新技术、新工艺、新材料、新设备及尚无相关技术标准的危险性较大的分部分项工程

（4）进行高处作业前，项目管理单位应组织承包商项目的主要责任人、安全生产负责人、安全管理机构负责人等，进行专项安全培训（如在国家管网集团南京培训中心），取得公司承包商 HSE 培训合格证后，方可参与项目作业。

（5）进行高处作业前，项目管理单位要会同作业单位组织相关专业人员开展 JSA 分析，向作业单位进行安全技术交底。作业单位应对作业人员进行作业程序和安全措施交底。

施工作业人员必须接受工程技术人员书面的安全技术交底，并履行签字手续，同时参加班前安全活动。

（6）高处作业前要通过班前教育、班前喊话、班前会的形式，使高处作业人员熟悉高处作业内容及方案、存在的坠落风险以及对防坠落装置的检查和使用等内容。

（7）进行悬空、攀登的高处作业以及搭设高处作业安全设施的人员须持“特种作业人员操作证”上岗。高处作业证按照准操项目一般分为两种。

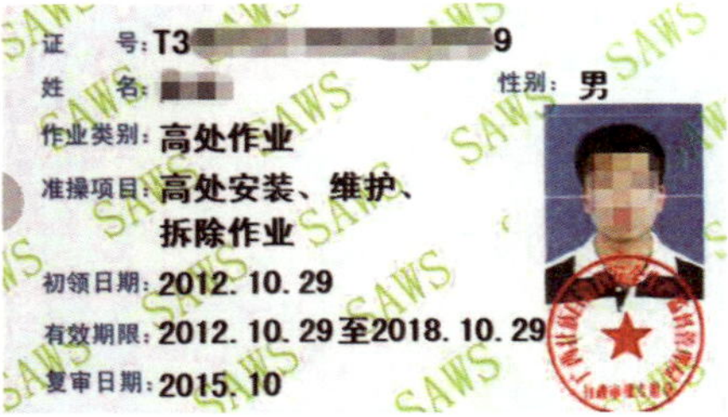

适用范围：用于利用专业设备进行建筑物内外安装、装饰、清洁、维修、拆除等高处作业。

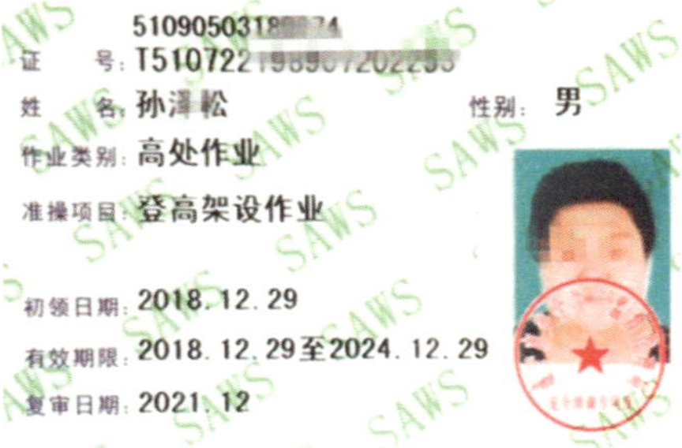

适用范围：高处从事脚手架、跨越架架设或拆除的作业。

（8）高处作业安全防护设施使用前，建设、施工、监理等单位应组织检查、验收合格后，挂牌使用。未经验收或不合格的，禁止人员登高作业。

防坠落设备检查清单

作业项目 / 内容		安全作业票编号	
检查人		检查日期	
部件	检查内容		检查结果
锚固点	锚固点选择是否合适，是否满足支撑 2275kg 的负荷		是☐ 否☐ 不适用☐
	全身安全带的锚固点应超过位于肩部高度		是☐ 否☐ 不适用☐
	锚固点是否充足，且处于独立于工作面		是☐ 否☐ 不适用☐
	锚固点支撑 > 2.25t		是☐ 否☐ 不适用☐
垂直吊绳	吊绳按期校验和测试，并处在有效期内		是☐ 否☐ 不适用☐
	吊绳具有保护磨损、腐蚀或切割边缘的措施		是☐ 否☐ 不适用☐
	当作业人员连接到吊绳上或者从它上面脱开时，系统能提供坠落保护		是☐ 否☐ 不适用☐
	吊绳正确布置，使得作业人员绝对不会需要握住它来进行平衡		是☐ 否☐ 不适用☐
	与水平段综合在一起的垂直段能提供连续坠落保护		是☐ 否☐ 不适用☐
水平吊绳	整个水平吊绳由合格人员设计和批准		是☐ 否☐ 不适用☐
	用于固定吊绳的锚固点是专门为水平吊绳而设计的，并接受了评估		是☐ 否☐ 不适用☐
	用在水平吊绳上的五金件是由钢制成		是☐ 否☐ 不适用☐
	绳子或钢丝绳没有磨损或腐蚀迹象		是☐ 否☐ 不适用☐
	绳子或钢丝绳具有要求的初始松弛量?		是☐ 否☐ 不适用☐
坠落阻止器（抓绳器）	坠落阻止器能与将要安装或操作的吊绳相匹配		是☐ 否☐ 不适用☐
	坠落阻止器应处于良好的工作状态		是☐ 否☐ 不适用☐
	坠落阻止器安装方向正确		是☐ 否☐ 不适用☐
	坠落阻止器配备有锁定机构		是☐ 否☐ 不适用☐
	坠落阻止器应配备有切换杠杆，允许它变成吊绳上的一个固定锚杆		是☐ 否☐ 不适用☐
自动收缩式救生索	受过合适的培训，能正确使用自动收缩式救生索		是☐ 否☐ 不适用☐
	自动收缩式救生索处于常规维护和检验程序之下		是☐ 否☐ 不适用☐
	绳子端部有合适的穿绳眼（套环眼垫、回复编织环眼、楔紧装配 / 套环）		是☐ 否☐ 不适用☐
其他事项	坠落净空要满足要求、制定了救援方案		是☐ 否☐ 不适用☐

全身式安全带检查清单

作业项目		安全作业票编号		
检查人	双方监护人	检查日期		
部件	检查内容		是	否
吊带 安全绳	被切割或破裂现象			
	摩擦损坏，特别是有金属件连接的地方			
	过度拉伸			
	由高温、腐蚀或溶剂引起的损坏			
	由腐烂、发霉和紫外线的照射引起的损坏			
自动锁扣	锁或钩的变形			
	破裂或锻件卷曲			
	磨损			
	扳扣能自由活动			
	弹簧的断裂、疲劳、易位			
	污物（如锈蚀）			
D- 环	D- 环没有变形和损坏			
	破裂			
	锻件的搭接是否有问题			
扣子和 调节件	扳扣完好			
	螺纹磨损、破损			
安全绳	磨损			
	过度拉伸			
	高温、腐蚀或溶剂接触而导致的螺纹损坏			
	发霉和紫外线的照射引起的损坏			

高处作业安全检查表

安全作业票编号			检查日期		
序号	检查内容		是	否	不适用
1	作业人员身体条件符合要求				
2	作业人员着装符合作业要求				
3	作业人员佩戴符合标准要求的安全帽、安全带，有可能散发有毒气体的场所携带正压式空气呼吸器或面罩备用				
4	作业人员携带有工具袋及安全绳				
5	现场搭设的脚手架、防护网、围栏符合安全规定				
6	垂直分层作业中间有隔离设施				
7	梯子、绳子符合安全规定				
8	轻型棚的承重梁、柱能承重作业过程最大负荷的要求				
9	作业人员在不承重物处作业所搭设的承重板稳定牢固				
10	采光、夜间作业照明符合作业要求				
11	30m 以上高处作业时，作业人员已配备通信、联络工具				
12	作业现场四周已设警戒区				
13	露天作业，风力满足作业安全要求				
14	其他相关特殊作业已办理相应安全作业票				
选“否”“不适用”的，逐条简述理由：					
检查发现的其他问题：					
整改情况：					
本人已核查作业区域，确认所有安全措施仍然有效，作业条件未发生变化，可以进行高处作业。			检查人：双方监护人		
注：此表仅适用于本细则 7.5.2.2 情况下每日现场核查。					

（9）高处作业实行作业许可管理，应针对作业内容进行工作安全分析（JSA），办理《高处安全作业票》。涉及动火、临时用电、进入受限空间等作业时，应办理相应的安全作业票。注：对于常规高处作业活动（如上罐巡检、检尺、上炉巡检、装车栈桥收发油、油库盘库、油气站场巡检路线上正常高处检查等），已进行风险识别并落实安全措施，且有操作规程或作业指导书的，可不办理安全作业票。

四级高处安全作业票

编号：

作业申请单位	二级单位业务主管部门	作业申请人	二级单位业务主管部门人员
作业申请时间	年　月　日06时00分	作业内容	外壁涂刷LOGO
作业高度	×××m	作业地点	储罐
作业单位	××××	监护人	二级单位业务主管部门人员、作业单位监护人
作业人		作业负责人	作业单位负责人
关联的作业许可证和其他特殊作业安全作业票编号	动火作业××××××		
风险辨识结果（符合“√”）	□爆炸　□火灾　□灼伤　□机械伤害　□烫伤　□中毒　□触电　□泄漏　□窒息　□冻伤　□坠落　□落物　□噪声　□物体打击　□其他：		

序号	安全措施	是否涉及（已落实打√，不涉及打×）	确认人
1	作业人员身体条件符合要求	√	双方监护人（下同）
2	作业人员着装符合作业要求	√	
3	作业人员佩戴符合标准要求的安全帽、安全带，有可能散发有毒气体的场所携带正压式空气呼吸器或面罩备用	√	
4	作业人员携带有工具袋及安全绳	√	
5	现场搭设的脚手架、防护网、围栏符合安全规定	√	
6	垂直分层作业中间有隔离设施	×	
7	梯子、绳子符合安全规定	√	
8	轻型棚的承重梁、柱能承重作业过程最大负荷的要求	×	
9	作业人员在不承重物处作业所搭设的承重板稳定牢固	√	
10	采光、夜间作业照明符合作业要求	×	

续表

<table>
<tr><td>11</td><td colspan="3">30m以上高处作业时，作业人员已配备通信、联络工具</td><td>√</td><td></td></tr>
<tr><td>12</td><td colspan="3">作业现场四周已设警戒区</td><td>√</td><td></td></tr>
<tr><td>13</td><td colspan="3">露天作业，风力满足作业安全要求</td><td>√</td><td></td></tr>
<tr><td>14</td><td colspan="3">其他相关特殊作业已办理相应安全作业票</td><td>√</td><td></td></tr>
<tr><td>15</td><td colspan="4">其他安全措施：
携带便携式气体检测仪　　编制人：二级单位业务主管部门人员</td><td></td></tr>
<tr><td>现场安全交底人</td><td colspan="2">二级单位业务主管部门人员</td><td>接受交底人</td><td colspan="2">作业单位负责人、作业单位监护人、作业人员（手签）</td></tr>
<tr><td>作业监护人意见</td><td colspan="5">本人已阅读作业票并确认现场已满足作业条件，作业期间承诺坚守现场。
签字：二级单位业务主管部门人员、作业单位监护人　　年　月　日　6时20分</td></tr>
<tr><td>作业负责人意见</td><td colspan="5">本人已阅读作业票并确认现场已满足作业条件，作业期间承诺坚守现场，同意作业。
签字：作业单位负责人　　年　月　日　6时23分</td></tr>
<tr><td>相关方意见</td><td colspan="5">本人确认收到作业票，了解作业对本单位的影响，将派员对此项工作给予关注，并保持联系。
单位：　　确认人：　　年　月　日　6时23分</td></tr>
<tr><td>作业监督人意见</td><td colspan="5">本人已阅读作业票并确认现场已满足作业条件，同意作业。
签字：二级单位安全管理部门人员　　年　月　日　6时27分</td></tr>
<tr><td>批准人意见</td><td colspan="5">本人已阅读作业票并确认现场已满足作业条件，同意作业。
签字：二级单位业务主管领导　　年　月　日　6时30分</td></tr>
<tr><td>作业实施时间</td><td colspan="5">自　年　月　日　6时35分　至　年　月　日　14时35分　止</td></tr>
<tr><td>作业票关闭</td><td>作业已完成，现场确认无任何隐患，申请关闭作业。</td><td colspan="2">作业单位负责人：
作业单位负责人
年　月　日
时　分</td><td>相关方：
年　月　日
时　分</td><td>作业批准人：
二级单位业务主管领导
年　月　日
时　分</td></tr>
<tr><td>作业票取消</td><td>因以下原因，此作业票取消：</td><td colspan="2">作业单位负责人：
年　月　日
时　分</td><td>相关方：
年　月　日
时　分</td><td>作业批准人：
年　月　日
时　分</td></tr>
</table>

注意：由于作业环境的危害因素导致风险度增加时，高处作业应进行升级管理。

作业高度 h_w	级别（A分类法）	级别（B分类法）
$2m \leqslant h_w \leqslant 5m$	Ⅰ级	Ⅱ级
$5m < h_w \leqslant 15m$	Ⅱ级	Ⅲ级
$15m < h_w \leqslant 30m$	Ⅲ级	Ⅳ级
$h_w > 30m$	Ⅳ级	Ⅳ级

（10）作业单位在作业现场必须落实视频监控，在15m及以上高处进行作业应配备通信、联络工具。

（11）雨天和雪天作业时，应采取可靠的防滑、防寒措施；遇有五级风以上（含五级风）、浓雾等恶劣天气，不应进行高处作业、露天攀登与悬空高处作业；暴风雪、台风、暴雨后，应对作业安全设施进行检查，发现问题立即处理。在气温高于 35℃（含 35℃）或低于 5℃（含 5℃）条件下进行高处作业时，应采取防暑或防寒措施；当气温高于 40℃时，原则上必须停止高处作业，特殊情况确需进行作业的，必须制定并落实有效的防暑、防坠落措施。

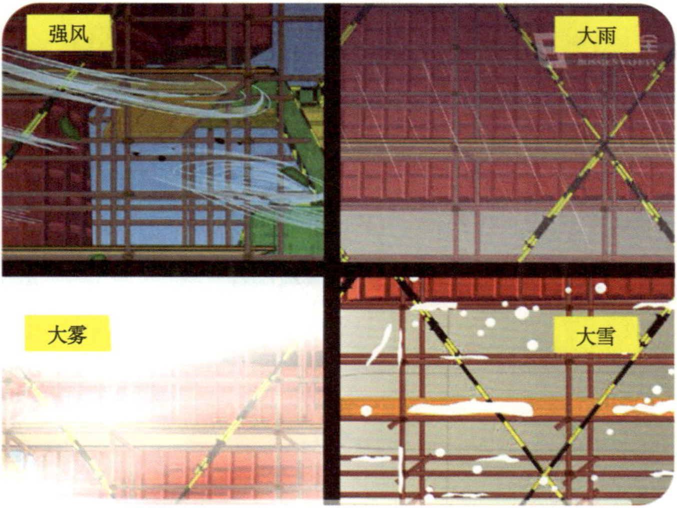

第二章

高处作业防护用具、设备、设施检查

一、个人防护用品（PPE）的使用和检查

高处作业人员应按规定穿戴安全防护用品，正确使用防坠落用品与登高器具、设备；使用工具袋盛装工具，所用工具严禁上下投掷。

1. 登高作业前先检查 PPE

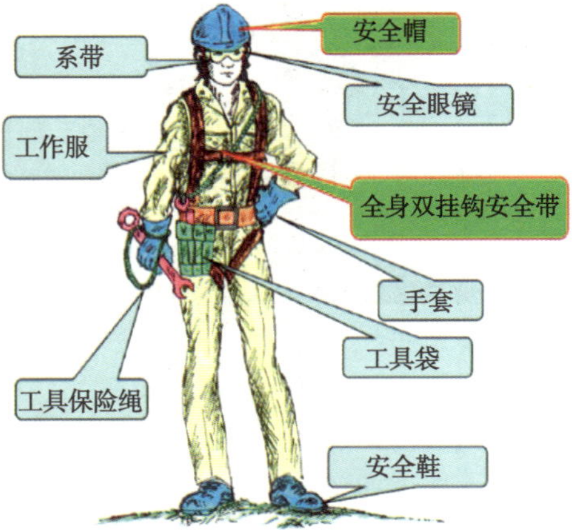

2. 安全帽的有效期

枝条编织帽

植物枝条编织帽有效期不超过两年。

塑料帽、纸胶帽

塑料帽、纸胶帽有效期不超过两年半。

玻璃钢橡胶帽

玻璃钢(维纶钢)橡胶帽有效期不超过三年半。

3. 正确佩戴安全帽的方法

首先调大后箍，戴上去之后调整后箍至合适的位置，然后系好下颌带。

不正确的佩戴安全帽方法：下颌带没有系紧。

4. 安全帽的维护

（1）使用时检查安全帽外观是否有裂痕、碰伤。

（2）使用时不能随意拆卸、添加附件或调节帽衬尺寸。

（3）将安全帽戴正、戴牢，受过一次冲击的不能再次使用。

（4）安全帽禁止存放在酸碱、高温、阳光直射的地方。超过保质期的应报废。

二、安全带的使用和检查

安全带符合 GB 6095—2021《坠落防护 安全带》要求，使用检查发现异常应提前报废。每次使用安全带时，应查看标牌及合格证，检查尼龙带有无破损，缝线处是否牢靠，金属件有无缺少、变形、裂纹及锈蚀情况，安全绳应挂在连接环上使用。

全身式安全带
（五点双钩）

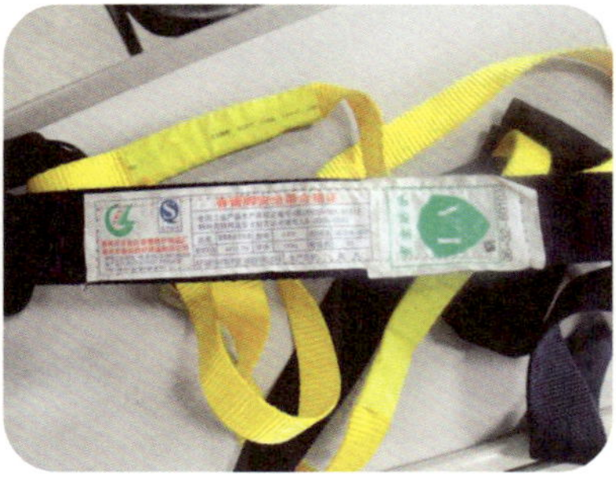

安全带的带体上应缝有商标、合格证和检验证

已破损的尼龙带

广东省建设工程质量安全监督检测总站

安全带检验报告

常规见证检验

委托单位：广州建筑股份有限公司　　报告编号：F2012(75)004496 440100871

工程名称：B2-10地块（财富中心）　　收样日期：2012-8-27

见 证 人：陈远　　检验日期：2012-8-30

监 督 员：——　　报告日期：2012-8-31

见证单位：广州城建开发工程咨询监理有限公司　　检验依据：GB 6095-2009

样品信息	样品编号	YE2012(75)000269	样品名称	区域限制安全带
	样品数量/批量	3/——	型号规格	Q-Y
	生产厂家	北京柏德劳保皮件有限公司		

检验项目	标准技术要求	检验结果	单项评定
整体静态负荷	整体静拉力不应小于2kN；	符合要求	合格
	不应出现织带撕裂、开线、金属件碎裂、连接器开启、绳断、金属件塑性变形等现象；	符合要求	
	安全带不应出现明显不对称滑移或不对称变形；	符合要求	
	模拟人的腋下、大腿内侧不应有金属件；	符合要求	
	不应有任何部件压迫模拟人喉部、外生殖器。	符合要求	
零部件静态负荷	零部件不应产生织带撕裂、环类零件开口、绳断股、连接器打开、带扣松脱、缝线迸裂、运动机构卡死等足以使零件失效的情况。	——	——
零部件机械性能	连接器自动机构无卡死、失效等情况；	——	——
	缓冲器意外打开作用力大于2kN；	——	——
	自锁器、速差自控器应保持灵敏度、无部件损坏、零件失效等情况；	——	
结论	该组样品整体静态负荷检验结果符合GB 6095—2009《安全带》标准要求。		
备注	——		

注：未经本站书面批准，不得部分复制检验报告（完整复制除外）。

批准：［签名］　审核：［签名］　校核：［签名］　检验：［签名］

地址：广州经济技术开发区开创大道北建业六路6号　　邮政编码：510530

电话：（020）32066668　32067668　　传真：（020）32066168

第1页　共1页

三、安全带的使用

安全带必须高挂低用，不得采用低于腰部水平的系挂方法，系挂高度以不低于 1.2m 为宜，并尽量垂直使用。安全带系挂点下方应有足够的安全空间和净距，当净距不足时，安全带可系短使用，但不得打结使用。

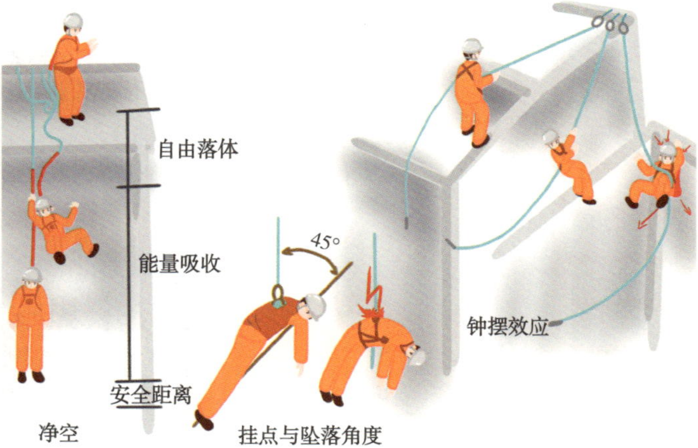

净空　　挂点与坠落角度

四、梯子的检查和使用

（1）梯子在使用前应进行检查，并贴上检查合格标识。梯子应无变形、损坏，踏板、螺栓、钉子无松动现象，固定拉杆或保险绳两端与横杆有效固定，梯子底部安有防滑套。使用的梯子要由正规厂家生产，有出厂合格证，禁止使用自制梯，严禁对梯子私自改装。

直梯

延伸梯

人字梯

组合梯

（2）直梯只允许单人单侧使用，顶端至少超出梯子上部支撑点 3 格以上。梯子的倾斜度应确保高度与宽度比不大于 4∶1，并应有固定措施，使用直梯时要有人支撑梯子，不得垫高使用。

直梯应无严重弯曲、变形或破坏；踏步、支撑梁无破损断裂现象。

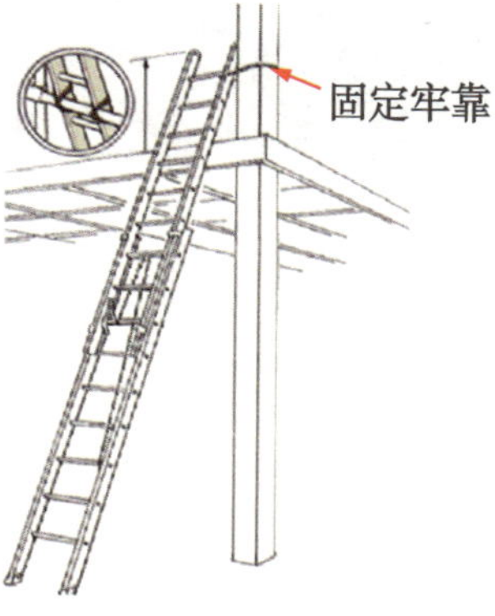

（3）人字梯允许单人双侧分别使用，最上两级严禁站人，禁止合拢作为直梯使用，使用时上部夹角以 35°~45° 为宜，铰链必须牢固，并有可靠的拉撑措施。

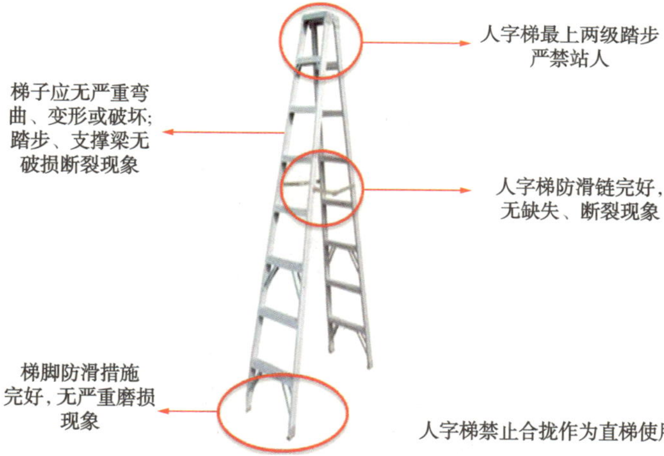

人字梯禁止合拢作为直梯使用

人字梯最上两级踏步禁止站人

（4）有漏电危险的场所应使用专用绝缘梯，严禁使用金属梯子。

（5）作业高度超过 2m 时，使用安全带，并挂于牢固的龙骨或绑于立杆吊钩上。

五、剪叉式升降机使用和检查

（1）升降机的本体上应该贴有标签，注明以下内容：升降机的上升速度极限、额定负载能力、最大升降高度、制造商的名称以及生产日期等。

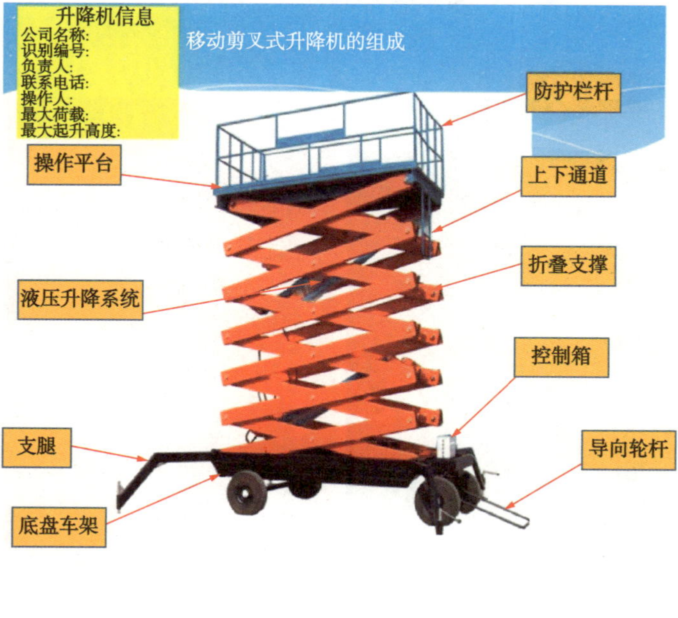

（2）升降机在使用前应检查合格，并挂准许使用牌后方可投入使用。操作人员熟知操作规程和掌握设备性能，使用前应进行一次空载升降实验，合格后方可进行载人操作。

移动平台电气控制开关完好，指令执行迅速。

平台支撑系统无凹陷断裂现象。

移动平台护栏完好，护栏锁闭装置完好可用。

严禁超过载重能力使用。

平台移动轮转动灵活，刹车固定装置完好。

ATTENTION

This MEMP Meet

Safety Requirement

此升降机符合安全要求

It Is Safe To Use

可以安全使用

检查人签字：________________

Inspector Sign

检查日期：________________

Date

WARNING

This MEMP Do Not Use

此升降机不能使用

DO NOT USE

严禁使用

检查人签字：________________

Inspector Sign

检查日期：________________

Date

（3）升降机的工作区域必须是在空旷的平地上，不允许在坑洼不平的地面运行，平台支腿须完全打开，并支设牢固，升降台要设有防止支腿回缩装置。

（4）使用升降机人员必须佩戴全身安全带。在升降过程中将安全带系挂到平台、篮子或厂家制造的系挂点上。当升降机升降到工作高度时，安全带不再系挂在平台上，应系挂到其他结构可靠的挂点上或搭设的生命线上。

（5）升降机作业区域须用警示带围护起来。设警示标志，并设专职监护人员。

六、移动式平台、悬挑式操作平台的检查

（1）移动式操作平台的面积不应超过 $10m^2$，高度不应超过 5m，施工荷载不应超过 $1.5kN/m^2$，立柱底端离地面不得超过 80mm，设置防护栏杆，并应布置登高扶梯；行走轮和导向轮应配有制动器或刹车闸等固定措施。

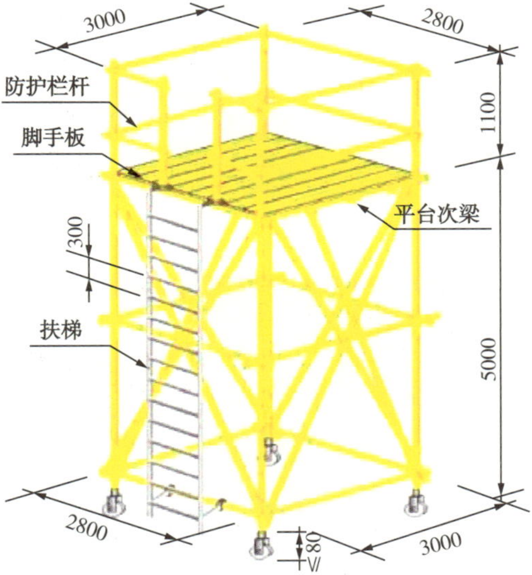

（注：图中数值单位均为mm。）

（2）悬挑式操作平台未经专项设计的，不得设置；悬挑式操作平台的结构应稳定可靠，且其承载力应符合使用要求。悬挑式操作平台悬挑长度不宜大于 5m。悬挑式操作平台的搁置点、拉结点、支撑点应设置在主体结构上，且应可靠连接。

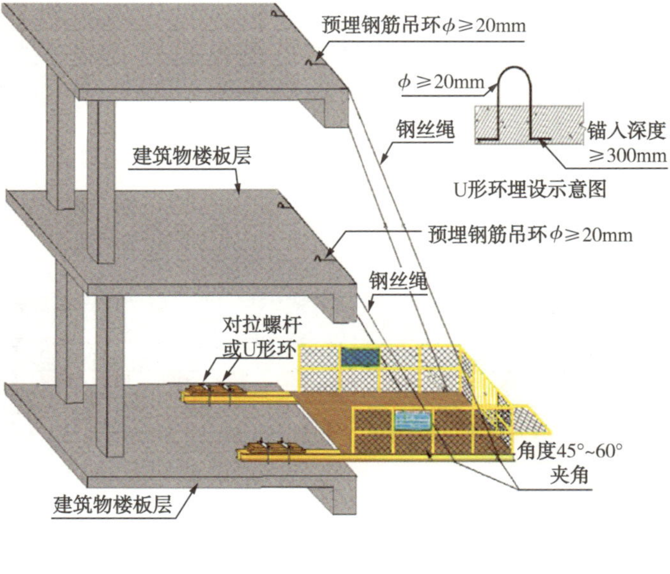

第三章

高处作业安全防护措施检查

一、临边作业防护栏的设置标准

防护栏杆应为两道横杆，上杆距地面高度应为1.2m，下杆应在上杆和挡脚板中间设置。当防护栏杆高度大于1.2m时，应增设横杆，横杆间距不应大于600mm；防护栏杆立杆间距不应大于2m。

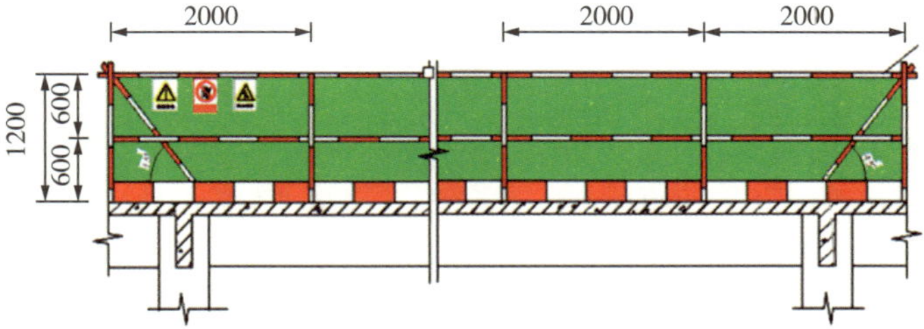

（注：图中数值单位均为mm。）

二、临边作业安全防护措施的检查

（1）在坠落高度基准面 2m 及以上进行临边作业时，应在临空一侧设置防护栏杆，并采用密目式安全立网或工具式栏板进行封闭。

禁止通行

（2）在坡度大于 1∶2.2 的屋面上作业，当无外脚手架时，应在屋檐边设置不低于 1.5m 高的防护栏杆，并采用密目式安全立网全封闭。

（3）对于开挖深度超过 2m 的基坑应设置临边防护，防护栏杆在距坑边不小于 0.5m 处固定。上下基坑操作面，应搭设简易梯子或将土方放成台阶踏步便于人员上下行走。

✓ 临边实体防护

✗ 防护栏悬空

三、洞口作业安全防护措施的检查

（1）当垂直洞口短边边长小于 500mm 时，应采取封堵措施；当垂直洞口短边边长大于或等于 500mm 时，应在临空一侧设置高度不小于 1.2m 的防护栏杆，并采用密目式安全立网或工具式栏板封闭，设置挡脚板。

洞口短边小于500mm的防护方式

洞口短边大于或等于500mm的防护方式

孔洞实体防护并标识

盖板没有封堵严实，无承力横梁

边长>1500mm，护栏+平铺安全网

边长大于1500mm，应铺设安全网

（2）电梯井口应设置防护门，其高度不应小于1.5m，防护门底端距地面高度不应大于500mm，并应设置挡脚板，同时井道内应每隔10m且不大于2层加设一道水平安全网。

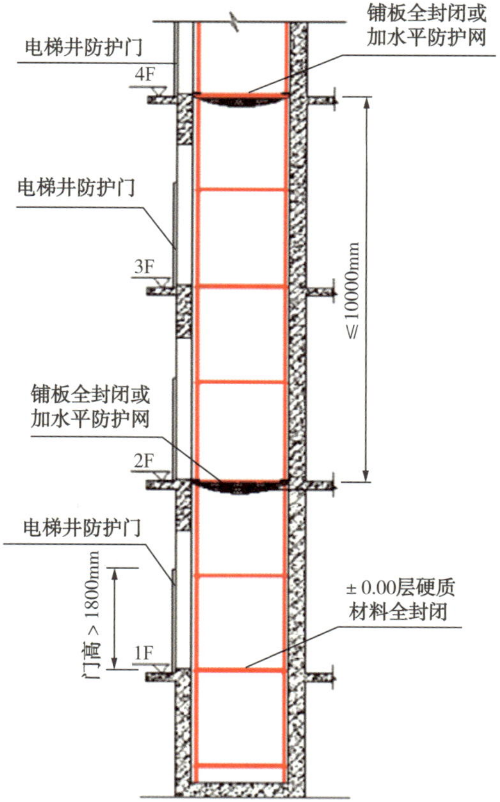

洞口实体防护、标识

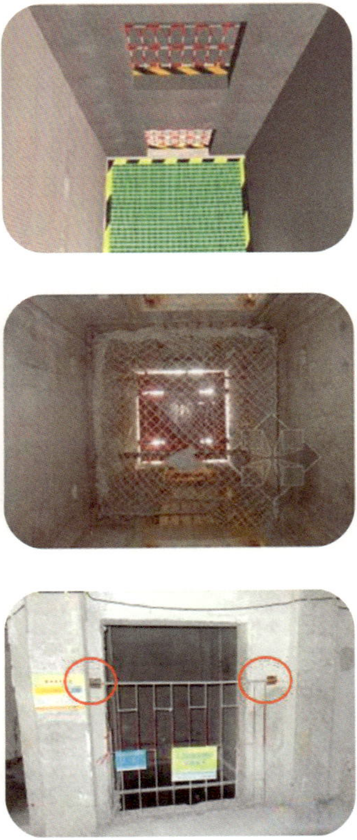

临边护栏仅固定上部，可随意打开

第四章 悬空作业安全防护措施检查

在不具备安全带系挂条件和无作业平台时，应增设生命线、安全网等安全设施。

一、安全网的检查

（1）安全平网、立网应是阻燃型，必须有生产许可证、检验证、合格证及当地主管部门准用证，旧网使用必须有准用证。监理单位组织现场检验安全网的续燃、阻燃时间不大于4s。

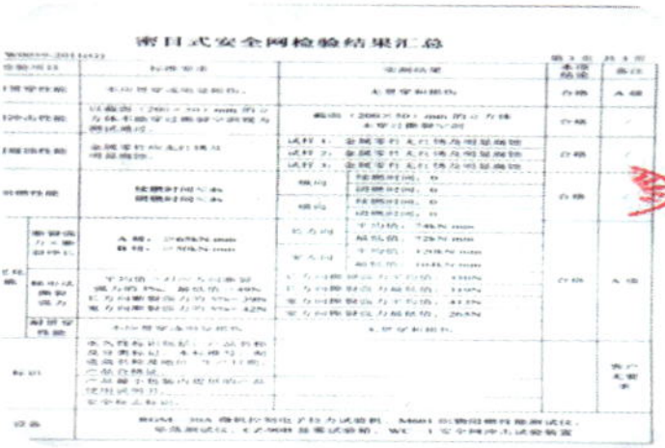
密目式安全网检验结果汇总

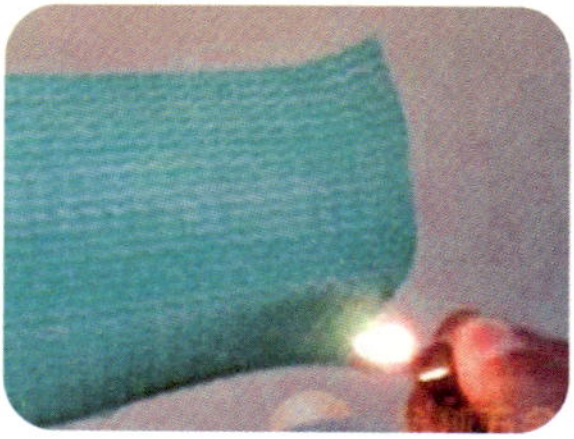

（2）当需采用平网进行防护时，严禁使用密目式安全立网代替平网使用。

密目式安全立网

安全平网（水平兜网）

（3）密目式安全立网搭设时每个开眼环扣应穿入系绳，系绳应绑扎在支撑架上，间距不得大于 450mm。相邻密目网间应紧密结合或重叠。安全平网每个系结点上的边绳应与支撑架靠紧，边绳的断裂张力不得小于 7kN，系绳沿网边均匀分布，间距不得大于 750mm；电梯井内平网网体与井壁的空隙不得大于 25mm。安全网拉结应牢固。安全平网及立网搭设完成，在承受重 100kg、底面积 2800cm^2 的模拟人形沙包冲击试验（网绳、边绳、系绳都不断裂，其冲击高度：平网 10m，立网 2m）合格后方可使用。

二、生命线的搭设和检查

（1）生命线两端的架设点（锚点）应符合承载的要求，生命线选用不低于 12mm 的镀锌钢丝绳。

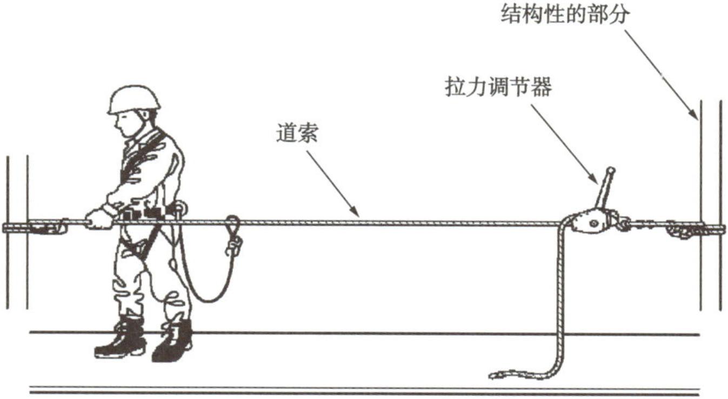

（2）生命线端部用绳卡固定连接时，绳卡压板应在生命线主要受力的一边，绳卡间距应不小于钢丝绳直径的 6 倍，绳卡的数量不小于以下要求：

钢丝绳直径 /mm	7~18	19~27	28~37	38~45
绳卡个数	3	4	5	6

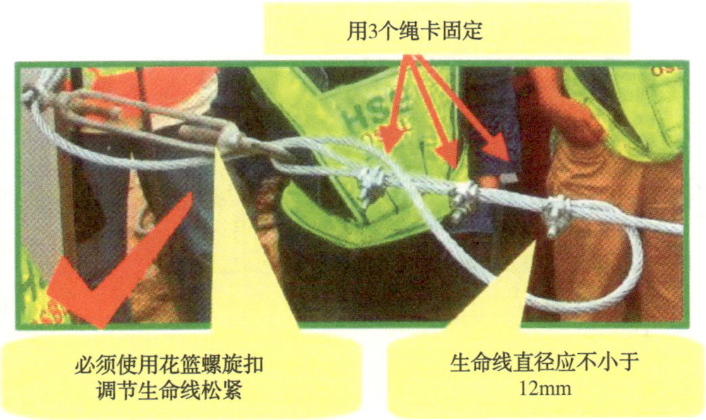

（3）高空生命线设置高度不低于 1.2m，最大跨距为 12m，超过 12m 时需增加一根立杆固定生命线，且总长度不得超过 100m。

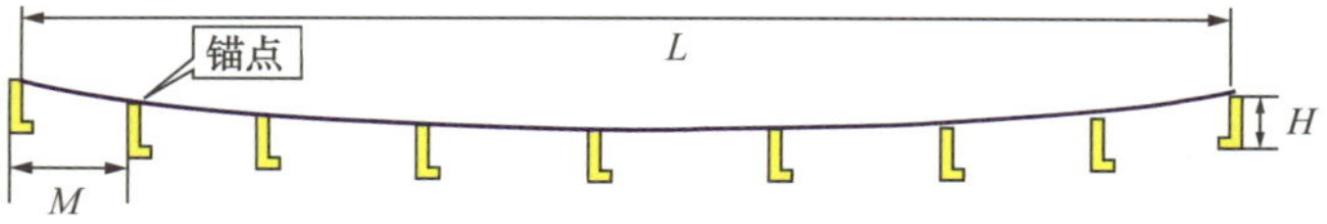

L≤100m，H≥1.2m，M≤12m

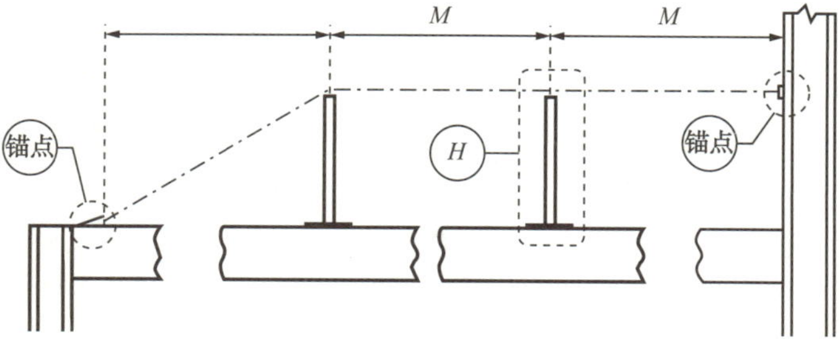

（4）钢丝绳若长度不足需要连接时，必须使用套环连接，不得单根连接。

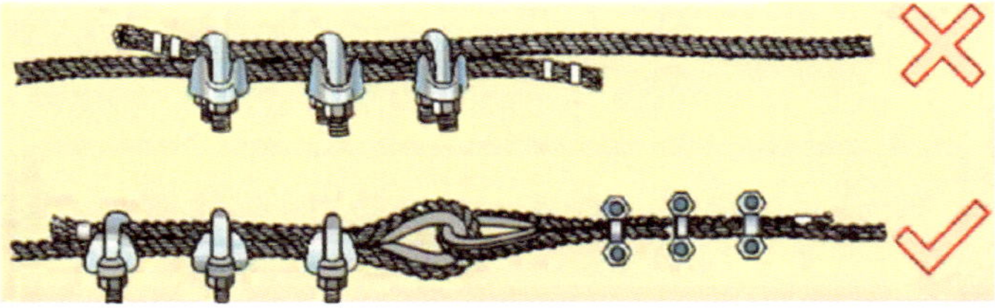

（5）从事生命线搭设和拆除工作的人员，须持“特种作业人员操作证”上岗，检查验收合格后挂牌使用，每周进行一次安全检查。

（6）高空生命线出现以下情况或达到钢丝绳报废标准后，不得再使用。

钢丝绳有下列情况之一者，就应报废：

①局部外层钢丝绳伸出呈笼形状态时。

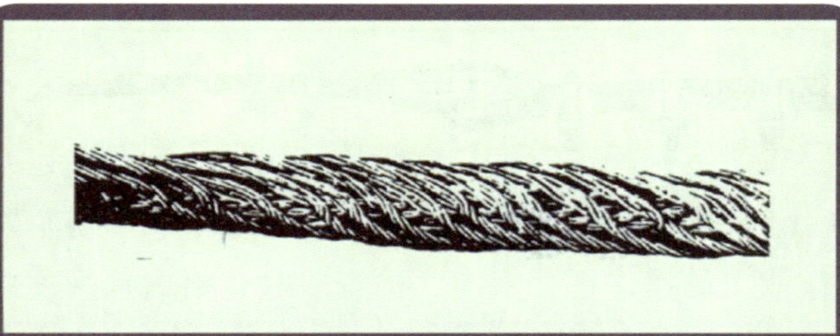

②钢丝绳有一股折断。

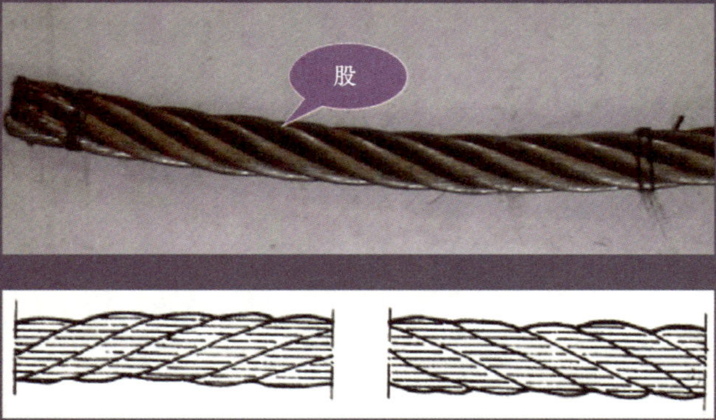

③对于交互捻钢丝绳，其安全系数为 6 或 7 时（即用于起重吊装），其断丝数在一个节距内超过以下数值时：6×19 为 14 丝，6×37 为 26 丝，或为总丝数的 10%。

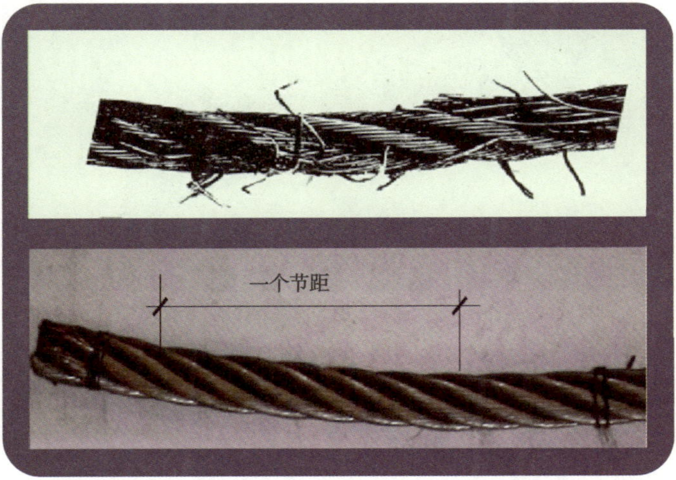

④钢丝绳纤维芯的直径增大较严重时。

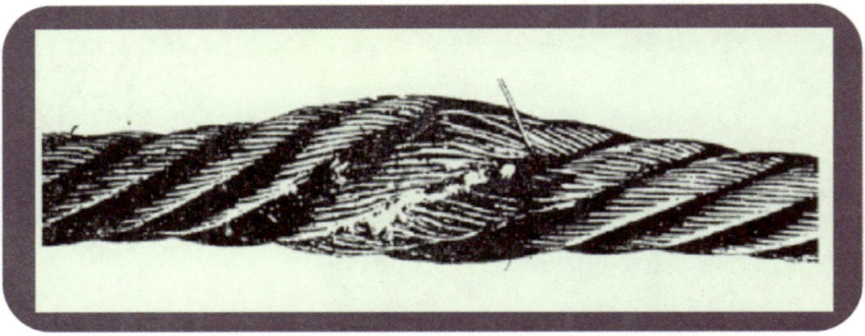

⑤钢丝绳有明显的内部腐蚀。

⑥钢丝绳的表面钢丝被腐蚀，磨损超过钢丝直径的40% 以上。

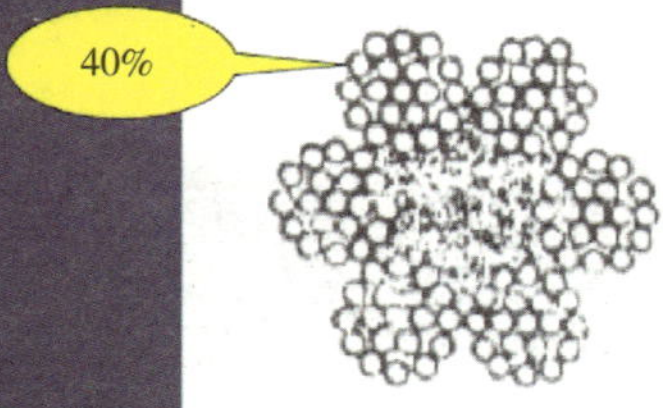

⑦钢丝绳扭结。

⑧钢丝绳折变造成塑性变形时。

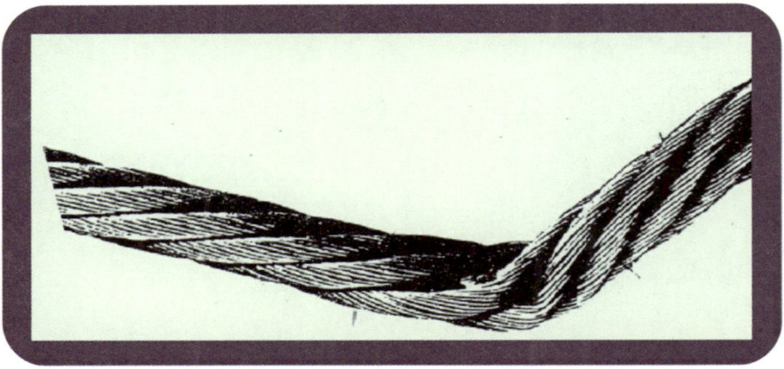

⑨钢丝绳直径减少达 7% 时。

⑩钢丝绳受到电弧等高温的灼伤。

⑪绳芯脱出。

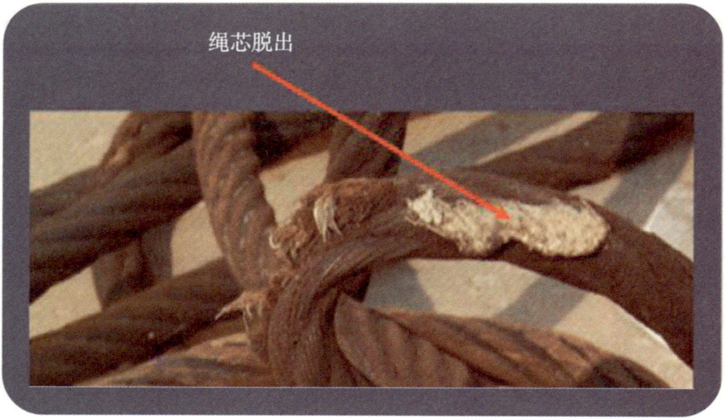

（7）在无作业平台和生命线的情况下，严禁在未固定、无防护的构件及安装中的管道上进行作业或通行。

（8）在做好作业人员安全防护的同时，也要做好高处作业区域内的防坠落物措施，当作业高度不同时，警戒区域按照以下要求设置：作业高度在 2~5m 时，坠落半径为 3m；作业高度在 5~15m 时，坠落半径为 4m；作业高度在 15~30m 时，坠落半径为 5m；作业高度在 30m 以上时，坠落半径为 6m。